云 南 省 地 方 标 准

钢筋保护层混凝土垫块
质量检测技术规程

DB 53/T 2007—2015

人民交通出版社股份有限公司
China Communications Press Co.,Ltd.

图书在版编目(CIP)数据

钢筋保护层混凝土垫块质量检测技术规程／云南云岭高速公路工程咨询有限公司,云南省公路开发投资有限责任公司编.—北京：人民交通出版社股份有限公司,2016.1

ISBN 978-7-114-12781-6

Ⅰ.①钢…　Ⅱ.①云…②云…　Ⅲ.①钢筋混凝土—垫块—质量检验—技术操作规程　Ⅳ.①TU528.04-65

中国版本图书馆 CIP 数据核字(2016)第 012297 号

云南省地方标准

书　　名：**钢筋保护层混凝土垫块质量检测技术规程**
著 作 者：云南云岭高速公路工程咨询有限公司　云南省公路开发投资有限责任公司
责任编辑：郭红蕊　韩亚楠
出版发行：人民交通出版社股份有限公司
地　　址：(100011)北京市朝阳区安定门外外馆斜街 3 号
网　　址：http://www.ccpress.com.cn
销售电话：(010)59757973
总 经 销：人民交通出版社股份有限公司发行部
经　　销：各地新华书店
印　　刷：北京鑫正大印刷有限公司
开　　本：880×1230　1/16
印　　张：1
字　　数：30 千
版　　次：2016 年 1 月　第 1 版
印　　次：2016 年 1 月　第 1 次印刷
书　　号：ISBN 978-7-114-12781-6
定　　价：15.00 元
(有印刷、装订质量问题的图书由本公司负责调换)

云南省交通运输厅
云南省质量技术监督局
公 告

2015 年第 1 号

关于发布
《钢筋保护层混凝土垫块质量检测技术规程》
（DB 53/T 2007—2015）的公告

现发布《钢筋保护层混凝土垫块质量检测技术规程》（DB 53/T 2007—2015），自 2015 年 11 月 1 日起施行。

该规范的管理权归云南省交通运输厅，日常解释和管理工作由主编单位云南云岭高速公路工程咨询有限公司负责。

请各单位在实践中注意总结经验，及时将发现的问题和修改意见函告云南云岭高速公路工程咨询有限公司（地址：云南省昆明市官渡区民航路 495 号，邮编：650200），以便修订时参考。

特此公告。

云南省交通运输厅
云南省质量技术监督局
2015 年 10 月 14 日

前　言

本规程按照《公路工程标准编写导则》(JTG A04—2013)给出的规则起草。

本规程由云南云岭高速公路工程咨询有限公司提出。

本规程由云南省交通运输标准化技术委员会归口。

本规程主要起草单位:云南云岭高速公路工程咨询有限公司、云南省公路开发投资有限责任公司。

本规程主要起草人:温树林　李志坚　李文军　刘胜红　成会琴　谭昆华　孙继佳
　　　　　　　　　李　渊　夏饶锁　李兴民

引　言

　　当前在钢筋混凝土施工中,多采用混凝土垫块来满足混凝土保护层厚度的要求,从使用情况来看,混凝土垫块普遍存在强度偏低、易破碎的现象,并因此导致钢筋混凝土结构或构件极易出现钢筋严重锈蚀、表层混凝土锈胀、成片剥落等病害,严重降低了结构物的承载力和耐久性。针对混凝土垫块存在的质量问题,鉴于目前国内对混凝土垫块质量检测没有明确的规范要求,为明确控制钢筋保护层混凝土垫块质量的检测方法,特制定本规程。

目　　录

1 总则

1.0.1 为提高混凝土钢筋保护层整体质量,确保混凝土结构的耐久性,特制定本规程。

1.0.2 适用范围:对普通及预应力钢筋混凝土用钢筋保护层混凝土垫块的技术要求、检测方法、检测规则按本规程执行;其他特殊性能混凝土所用钢筋保护层混凝土垫块可参照本规程执行。

1.0.3 钢筋保护层混凝土垫块除应符合本规程要求外,尚应符合国家和行业现行相关标准及规范的规定。

2 术语

2.0.1 混凝土垫块

以水泥、细集料、粗集料为原料制成的，安装在模板与钢筋之间控制钢筋保护层厚度的垫块。按形状不同，分为方形、圆形、梅花形混凝土垫块，按成型工艺不同，分为压缩和普通细石混凝土垫块。

2.0.2 垫块抗压强度换算系数

用来描述不同成型工艺、规格的垫块与标准试块抗压强度关系的参数，其数值上等于标准试块抗压强度与垫块抗压强度的比值。

3 技术要求

3.1 一般规定

3.1.1 压缩混凝土垫块水胶比应不大于 0.28,普通拌制混凝土垫块水胶比应不大于 0.4。

3.1.2 混凝土垫块养生方法应为标准养生,龄期应为 28d。

3.1.3 所有进场的混凝土垫块必须经过出厂检验,并提供出厂检验合格证。

3.2 原材料

3.2.1 混凝土垫块所用原材料各项指标均应符合相关现行行业标准要求。

3.2.2 混凝土垫块所用集料最大粒径不得大于 4.75mm。

3.3 外观

3.3.1 混凝土垫块的尺寸应保证混凝土保护层厚度的准确性,沿保护层厚度控制方向的外观尺寸允许偏差为±1mm。

3.3.2 混凝土垫块应设有限位槽,确保钢筋定位准确,以保证钢筋绑扎的紧固和稳定性。

3.3.3 混凝土垫块表面应具有一定的粗糙度,以保证混凝土垫块与主体混凝土紧密黏结。

3.4 抗压强度

混凝土垫块抗压强度不得低于主体结构混凝土抗压强度。

4 检测方法

4.1 外观

外观质量用目测法检测,外观尺寸用游标卡尺检测。

4.2 抗压强度

4.2.1 垫块受压面为垫块的两个平整的侧面,试验前应清除垫块受压面与加压板表面的杂物。

4.2.2 垫块的中心与压力机板中心应在同一条轴线上,压力机加荷速率应控制在 2 400N/s±200N/s 范围内。

4.2.3 按式(1)~式(3)计算抗压强度,精确至 0.1MPa。

$$R = C \times \frac{F}{A} \tag{1}$$

$$A = \frac{m_a}{\rho \times h} \times 10^3 \tag{2}$$

$$\rho = \frac{m_a}{m_p - m_c - (m_p - m_a)/\gamma_p} \times \rho_w \tag{3}$$

式中:R——抗压强度(MPa);

C——垫块抗压强度换算系数,对于压缩工艺混凝土垫块,C 值取 0.92,对于普通细石混凝土垫块,C 值取 0.87;

F——破坏荷载(N);

A——受压面积(mm^2);

m_a——混凝土垫块的空中质量(g);

ρ——混凝土垫块表观密度(g/cm^3),按《公路工程沥青及沥青混合料试验规程》(JTG E20—2011)中 T 0707 试验方法测得;

h——混凝土垫块的高度(mm);

m_p——蜡封混凝土垫块的空中质量(g);

m_c——蜡封混凝土垫块的水中质量(g);

γ_p——在常温条件下,石蜡对水的相对密度;

ρ_w——常温下水的密度,取 $1g/cm^3$。

4.2.4 抗压强度结果为一组 10 个垫块中去除最大值和最小值后的抗压强度算术平均值,精确至 0.1MPa。

4.3 试验报告

试验报告应包括以下内容:

（1）要求检测的项目名称；

（2）垫块的品种、规格和产地；

（3）试验日期及时间；

（4）仪器设备的名称、型号及编号；

（5）环境温度和湿度；

（6）执行标准；

（7）要求说明的其他内容。

5 检测规则

5.1 抽检频率

5.1.1 同一品种、同一规格的 2 000 个垫块为一批；不足 2 000 个垫块视为一批。

5.1.2 每一批各随机抽取 10 个垫块进行外观检测及抗压强度检测。

5.2 结果判定

5.2.1 外观检测抽取的 10 个垫块中，当超过 2 个垫块不符合要求时，则应另取双倍数量的试件重做检测，如仍有超过 4 个试件不符合要求，则判定该批垫块不合格。

5.2.2 外观检测合格后进行抗压强度检测，当抗压强度检测结果不合格时，则判定该批垫块不合格。

———————————